‖ 广州谷兰化妆造型培训中心 郑春兰　编著 ‖

新娘经典发型100例

人 民 邮 电 出 版 社

北 京

图书在版编目（ＣＩＰ）数据

新娘经典发型100例 / 郑春兰编著. -- 北京 ：人民
邮电出版社，2013.2（2015.8重印）
ISBN 978-7-115-30414-8

Ⅰ．①新… Ⅱ．①郑… Ⅲ．①女性－发型－设计
Ⅳ．①TS974.21

中国版本图书馆CIP数据核字(2012)第308298号

内 容 提 要

本书包含100个新娘发型设计案例，按风格分为韩式新娘发型、鲜花新娘发型、动感新娘发型、欧式新娘发型和中式新娘发型5个部分，都是影楼摄影、新娘当天会用到的经典发型。本书将每款发型通过图例与步骤说明相对应的形式进行讲解，分析详尽、风格多样、手法全面，力求全方位地进行展示，并对每个案例进行了造型提示，使读者能够更加完善地掌握造型方法。

本书适用于在影楼从业的化妆造型师，同时也可供相关培训机构的学员参考使用。

新娘经典发型 100 例

◆ 编　　著　广州谷兰化妆造型培训中心　郑春兰

责任编辑　孟飞飞

执行编辑　赵　迟

◆ 人民邮电出版社出版发行　　北京市丰台区成寿寺路 11 号
邮编　100164　　电子邮件　315@ptpress.com.cn
网址　http://www.ptpress.com.cn
北京盛通印刷股份有限公司印刷

◆ 开本：889×1194　1/16
印张：15
字数：523 千字　　　　　　　2013 年 2 月第 1 版
印数：35 001－36 500 册　　2015 年 8 月北京第 10 次印刷

ISBN 978-7-115-30414-8

定价：98.00 元

读者服务热线：**(010)81055410**　印装质量热线：**(010)81055316**
反盗版热线：**(010)81055315**
广告经营许可证：京崇工商广字第 0021 号

化妆造型是一门艺术，也是一门多元化的学科，它综合了色彩、绘画、雕塑、医学、美学、心理学等要素，因此，对于从事化妆事业的人来讲，综合素质十分重要。化妆的技艺是没有止境的，随着社会的不断发展，普通大众的审美能力也越来越强，化妆师唯有不断提高自己的艺术修养和专业技能，才跟得上潮流和时尚。

新娘发型是广大造型师在实际工作中经常要做的。每个新娘都希望自己美丽动人、与众不同……因此，这个行业对造型师的要求也越来越高。造型师需要掌握的是整体造型方法，包括妆面、发型、服饰、色彩、饰品等。化妆造型师可以在业余时间阅读一些专业著作、时尚杂志，并留意最新的流行资讯，观摩国内外同行优秀的作品，加强与同行的交流，并在实践中不断提高自己的技艺。

在本书中，我们从实际教学范例中挑选了部分流行、时尚且实用的新娘造型实例并集结成册，这些实例全部是针对婚纱摄影或新娘当天的实用发型。我们通过图片对操作步骤进行了详尽的展示，并辅以文字讲解，真正做到了图文并茂。希望能便于读者理解，切实地获得提高。

在此还要感谢谷兰化妆造型培训中心的郑春燕、邓珊珊、潘燕萍等老师的大力支持，也真诚地感谢各位同行朋友的关注与支持，有了你们的鼓励，我们才能够不断完善。希望本书能给广大化妆师带来帮助，也希望能够与广大化妆师共同学习交流！

郑春兰

2012 年 11 月 15 日

079

081

083

085

087

089

091

093

095

097

099

[鲜花新娘发型]
[100-137]

103

105

107

109

111

113

115

117

119

121

123

125

127

129

131

133

135

137

[动感新娘发型]
[138-175]

141

143

145

147

149

151

153

155

157

159

161

163

165

167

169

171

173

175

[欧式新娘发型]
[176-211]

179

181

183

185

187

189

191

193

195

197

199

201

203

205

207

209

211

215

217

219

221

223

225

227

229

231

233

235

韩式新娘发型

STEP 01　将刘海中分。

STEP 02　将头顶头发打毛，将表面梳顺向后固定。

STEP 03　从右侧发区取一小缕发片。

STEP 04　将发片向发夹处固定。

STEP 05　从左侧发区取一小缕发片。

STEP 06　将发片向发夹处固定。

STEP 07　取左侧发片的发尾。

STEP 08　将发片向上翻卷。

STEP 09　取右侧发片的发尾，将发片向上翻卷。

STEP 10　左右各取一缕发片，向中间固定。

STEP 11　中间再各取一缕发片，向两边固定。

STEP 12　用同样的手法及顺序将头发卷至发尾。

STEP 13　发尾处将四卷减至三卷，至两卷，至一卷，最后收完。

STEP 14　后发区用钻饰加以点缀。

STEP 15　头顶位置用头箍装饰。

造型提示

经典的韩式中分造型古典大方，层层发卷更加突显出韩式造型的优雅高贵气质。

STEP 01　将后发区头发打毛，向后梳理并固定。

STEP 02　将刘海三四分，取右侧发区头发编鱼骨辫。

STEP 03　将鱼骨辫向后编至发夹处固定。

STEP 04　左侧从头顶处向左编鱼骨辫。

STEP 05　将鱼骨辫向后编至发夹处固定。

STEP 06　取左侧辫子留下的发尾。

STEP 07　将发尾向左边翻卷。

STEP 08　从右侧取一小缕头发向左侧翻卷，一直重复至发尾。

STEP 09　从左侧取一小缕头发向中间固定。

STEP 10　从右侧同样取一小缕头发向中间固定。

STEP 11　左右重复同样的步骤，发尾直接编成三股辫。

STEP 12　将发尾向内收起。

STEP 13　在后发区戴上弧形钻饰。

STEP 14　在头顶一侧戴上皇冠装饰。

造型提示

清爽简约的斜刘海和俏丽的鱼骨辫使整个造型显得更加时尚，在体现优雅气质的同时又不失少女气质。

STEP 01　将刘海三七分，将后发区头发打毛，将表面梳顺并向后固定。

STEP 02　将右侧发区头发分成两股并交叉。

STEP 03　将两股头发扭绳，然后固定在后包发下方。

STEP 04　左侧发区头发同样分成两股并交叉。

STEP 05　用两股扭绳的方法由右向左扭绳。

STEP 06　将头发与第一个扭绳叠加固定。

STEP 07　取右侧一缕头发。

STEP 08　将发片向上翻卷。

STEP 09　取左侧一缕头发。

STEP 10　将发片从左向右卷。

STEP 11　用同样的手法及顺序将头发卷至发尾。

STEP 12　将发尾用同样的手法收起。

STEP 13　在刘海一侧戴上头饰。

造型提示

这是一个长款韩式新娘造型，斜分微卷的刘海、扭绳和层次卷，是很多新娘都梦寐以求的浪漫韩式造型。

 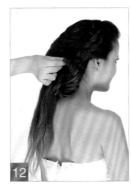   

STEP 01 　从后发区分出一部分头发编鱼骨辫。

STEP 02 　编至一半用皮筋扎住。

STEP 03 　将右侧发区头发用三股反编法编辫。

STEP 04 　编至后发区，加完头发用皮筋扎住。

STEP 05 　左侧从头顶开始编三股加一辫。

STEP 06 　同样编至后发区，加完头发用皮筋扎住。

STEP 07 　将留出的发尾编鱼骨辫并拉蓬松。

STEP 08 　将拉蓬松的辫子向前绕并下卡子固定。

STEP 09 　将中间发尾分成两份，取一份编鱼骨辫。

STEP 10 　将拉蓬松的鱼骨辫向上翻卷并固定。

STEP 11 　再取右侧留出的发尾编鱼骨辫并拉蓬松。

STEP 12 　将拉蓬松的辫子向前绕并下卡子固定。

STEP 13 　取中间另一份头发编鱼骨辫。

STEP 14 　将拉蓬松的鱼骨辫向上翻卷并固定。

STEP 15 　在造型一侧戴上头饰即可。

造型提示

用鱼骨辫手法将头发编向耳侧，让人感觉有精神、有活力，头发丝丝分明，突显了新娘清新自然的感觉。

STEP 01　将头发全部向后整理，左侧头发向后烫卷。

STEP 02　右侧头发也向后烫卷。

STEP 03　将刘海头发向上提起来打毛。

STEP 04　用手指整理出自然上翻的刘海效果。

STEP 05　将两侧头发向后收起并下卡子固定。

STEP 06　将两侧头发按卷发的纹理向后整理。

STEP 07　将头发向中间整理并下卡子固定。

STEP 08　用同样的手法将剩余的头发全部向中间收。

STEP 09　在前额处戴上带有挂坠的头饰。

STEP 10　在后发区戴上条型饰品和蝴蝶饰品。

STEP 11　再加上小蝴蝶结加以点缀。

造型提示

蓬松自然的上拱能起到
拉长脸型的作用，前额配
上水滴钻皇冠，使整体
造型华丽耀眼。

STEP 01　留出刘海，从右侧发区开始编三股加一辫。

STEP 02　将三股辫从右编至左，要注意辫子的加与减。

STEP 03　将辫子编至发尾处用皮筋扎住。

STEP 04　将编好的辫子发尾向内收起。

STEP 05　从右侧再取头发编三股加一辫。

STEP 06　编至发尾处用皮筋扎住。

STEP 07　将编好的辫子发尾向内收起。

STEP 08　剩余头发用三股加一辫全部编完。

STEP 09　将发尾向内藏，要注意发型轮廓的饱满度。

STEP 10　在左侧戴上华丽的蝴蝶饰品。

STEP 11　再以小蝴蝶结加以点缀。

造型提示

前发区造型干净利落，蝴蝶结饰品画龙点睛；后发区选用多层编发手法，让整体造型简约而不简单。

STEP 01　将刘海三七分，将刘海向右侧编三股加一辫。

STEP 02　将辫子从刘海一直编向后发区，再编至发尾。

STEP 03　将左侧发区头发向后编三股加二辫。

STEP 04　将辫子从左侧发区一直向后编。

STEP 05　将辫子编至发尾并用皮筋扎住。

STEP 06　将左侧辫子绕卷收起来。

STEP 07　取右侧编好的辫子。

STEP 08　将辫子向左侧收好，使轮廓完整。

STEP 09　在造型一侧戴上蝴蝶饰品。

STEP 10　后发区也配上相应的蝴蝶饰品。

造型提示

大面积的时尚侧编发摆成C形，这是一款清雅秀丽的韩式编发。

STEP 01　将刘海区及右侧发区的头发打毛，将表面梳顺。
STEP 02　将发尾向上翻卷，并下卡子固定。
STEP 03　将左侧发区取一部分头发。
STEP 04　将发尾向后翻卷。
STEP 05　将发卷向后下卡子固定。
STEP 06　再从右侧取一部分头发向上翻卷。
STEP 07　将最后一部分头发同样向上翻卷固定。
STEP 08　在后发区发卷处戴上条形饰品。
STEP 09　在造型区左侧戴上蝴蝶饰品。

造型提示

两侧外翻的单卷让整体造型呈现 A 形效果，使新娘的气质温婉优雅、别具一格。

043

STEP 01   将刘海全部向后整理，取右侧发区头发编三股辫。

STEP 02   编三股辫时要从右至左边加发边编。

STEP 03   将三股辫编至左侧。

STEP 04   在左侧位置处开始转折。

STEP 05   将头发再由左编至右侧。

STEP 06   从右侧将剩余头发向左编至发尾。

STEP 07   将发尾向内收起并固定。

STEP 08   在后发区点缀蝴蝶结作为装饰。

STEP 09   在前额一侧戴上华丽的头饰。

造型提示

本造型采用简单的盘发，
再配上带纱头饰，突显了
新娘干净漂亮的前额和
精致的脸型。

STEP 01　将头发全部向后整理，左右各取一小缕头发交叉整理。

STEP 02　从左右两侧边加头发边交叉整理。

STEP 03　加完头发还要继续从两侧拿小撮的头发往中间固定。

STEP 04　剩余发尾用鱼骨辫法收尾并用皮筋扎住。

STEP 05　将发尾向内收起。

STEP 06　后发区戴上一个蝴蝶饰品。

STEP 07　再搭配两个小蝴蝶结作为点缀。

STEP 08　前额位置用项链装饰。

造型提示

这款韩式新娘发型打造出了蓬松自然的效果，前额的钻石饰品更突出了新娘公主般的高贵感。

STEP 01　将刘海头发向上打毛，用手指抓出纹理。

STEP 02　将头发向后梳顺，并在后脑勺处下卡子固定。

STEP 03　从右侧取一部分头发，向左编三股加一辫。

STEP 04　编至发尾处，在左侧下卡子固定。

STEP 05　从左侧取一部分头发，向右编三股加一辫。

STEP 06　编至发尾处，在右侧下卡子固定。

STEP 07　从右侧再取一部分头发，向左编三股加一辫。

STEP 08　编至发尾处，在左侧下卡子固定。

STEP 09　将剩余头发从左向右编三股加一辫。

STEP 10　编至发尾处，在左侧下卡子固定。

STEP 11　在后发区戴上钻饰点缀。

造型提示

前发区用刘海抓出一缕缕
的效果，后发区大面积编
发，不同角度亦可呈现不
同风格的时尚编发。

STEP 01　留出刘海，从头顶向后编三股加二辫。

STEP 02　编至后脑勺即可，用皮筋扎住。

STEP 03　从右侧取一部分头发，打毛并将表面梳顺。

STEP 04　将头发向上翻卷，在皮筋处下卡子固定。

STEP 05　从左侧同样取一部分头发，打毛并将表面梳顺。

STEP 06　将头发向上翻卷，与第一个发卷在中间交叉固定。

STEP 07　从左右各分出一缕发片，向中间翻卷交叉固定。

STEP 08　将头发继续分出发片，向中间翻卷固定，直到头发做完。

STEP 09　在头顶位置戴上皇冠进行装饰。

STEP 10　在后发区用钻饰点缀。

造型提示

温婉的斜刘海，后发区
采用紧实的单卷，并以钻
饰点缀，让整体造型
紧密而不死板。

STEP 01　留出刘海，将头顶头发打毛并将表面梳顺，向后做一个发拱。

STEP 02　从左侧发区取一部分头发，打毛并将表面梳顺。

STEP 03　将发片向上翻卷，在左侧与发拱衔接。

STEP 04　将刘海与右侧发区头发一起向上翻卷，在右侧与发拱衔接。

STEP 05　从右侧再取一部分头发，打毛并将表面梳顺。

STEP 06　将头发向上翻卷，与发拱衔接。

STEP 07　从左侧同样取一部分头发，打毛并将表面梳顺。

STEP 08　将头发向上翻卷，与发拱衔接。

STEP 09　从右侧再取一部分头发，向上翻卷并下卡子固定。

STEP 10　从左侧同样取一部分头发，向上翻卷并下卡子固定。

STEP 11　从右侧取一部分头发，向上翻卷并下卡子固定。

STEP 12　将左侧最后一部分头发，向上翻卷并下卡子固定。

STEP 13　在头顶位置戴上头箍进行装饰。

STEP 14　在后发区用钻饰点缀。

造型提示

婉约含蓄的不对称侧卷刘海，加上后包发 V 形的呈现，突出了韩式新娘的东方之美。

STEP 01   先将刘海及造型区头发中分,将头顶靠后的头发打毛并将表面梳顺,做拱并下卡子固定。

STEP 02   将右侧造型区及侧发区的头发扭绳,向后在发拱下卡子处固定。

STEP 03   将左侧造型区及侧发区的头发扭绳,向后交叉连接在扭绳处固定。

STEP 04   从剩余头发中取最右侧一部分头发,分成两股扭绳。

STEP 05   扭绳至发尾向最左侧下卡子固定。

STEP 06   从最左侧取一部分头发扭绳至发尾,并向右侧下卡子固定。

STEP 07   再从右侧取一部分头发扭绳至发尾。

STEP 08   将扭绳发尾固定在最左侧。

STEP 09   将最后一部分头发同样做扭绳。

STEP 10   扭绳至发尾,向右侧下卡子固定。

STEP 11   头顶中间戴上水晶皇冠,造型完成。

造型提示

大量运用扭绳手法,这也是韩式新娘发型倍受追捧的操作手法之一,漂亮的皇冠更让人感觉到新娘优雅可人的气质。

STEP 01 将刘海中分，将顶发区头发打毛并向后梳顺表面，做一个小拱下卡子固定。

STEP 02 取右侧发区留出的头发打毛，并将表面梳顺，喷上发胶。

STEP 03 将发片从右至左往里翻卷，下卡子固定。

STEP 04 取左侧发区留出的头发打毛，并将表面梳顺，喷上发胶。

STEP 05 将发片从左至右往里翻卷，与上一个发片成交叉状，下卡子固定。

STEP 06 从左右两边各取等量的发片，用相同的手法将发片在中间交叉固定。

STEP 07 将左右两边发片交叉固定至最后。

STEP 08 将最后一个发片往里向上卷，将其与上一个发片连接。

STEP 09 在刘海与头顶发拱交界的位置戴上花瓣头箍。

STEP 10 根据造型效果点缀相应的钻饰。

造型提示

此款造型采用简单的包发和经典的单卷，加上花朵头箍的点缀，整体造型突显了新娘靓丽温婉的动人气质。

STEP 01　留出刘海，取左侧发区的头发编鱼骨辫。

STEP 02　将鱼骨辫从左向右编。

STEP 03　边编鱼骨辫边加头发。

STEP 04　将鱼骨辫编至右侧。

STEP 05　继续将鱼骨辫编至发尾。

STEP 06　在发尾处用皮筋扎住。

STEP 07　将剩余头发从左侧开始编鱼骨辫。

STEP 08　将鱼骨辫从左编至右侧。

STEP 09　继续将鱼骨辫编至发尾处，用皮筋扎住。

STEP 10　将发尾向上绕并下卡子固定。

STEP 11　将另一个鱼骨辫发尾向下收并固定。

STEP 12　在后发区用钻饰加以点缀。

造型提示

此发型分为内轮廓和外轮廓两个部分，都以鱼骨辫的手法编好，以相交的方式连接成圈，再用大小不同的珠钗加以点缀。

STEP 01　从头顶左侧取头发，向右编三股加二辫。
STEP 02　编至三分之二处用皮筋扎住。
STEP 03　从右侧发区取一部分头发编五股辫。
STEP 04　将五股辫编至发尾，用皮筋扎住。
STEP 05　从右侧再取一部分头发编五股辫。
STEP 06　将五股辫编至发尾用皮筋扎住。
STEP 07　右侧剩余的头发同样编五股辫。
STEP 08　将五股辫编至发尾，用皮筋扎住。
STEP 09　将右侧第一个五股辫向左边摆放并固定。
STEP 10　将左侧的五股辫向右边摆放并固定。
STEP 11　取右侧最后一个五股辫向左边固定。
STEP 12　将饰品佩戴在刘海一侧。
STEP 13　在后发区点缀小钻饰。

造型提示

本造型以编发为主，前发区采用三股加二编发手法，至后发区编成五股辫收向两侧，使整个发型更加饱满。

STEP 01   将头发纵向分为三部分，取中间头发编鱼骨辫。

STEP 02   将鱼骨辫编至发尾。

STEP 03   在发尾处用皮筋扎住。

STEP 04   将发尾向里收。

STEP 05   将右侧的头发稍微打毛，并将表面梳顺。

STEP 06   将发尾向里收，在中间鱼骨辫处固定。

STEP 07   将左侧的头发稍微打毛，并将表面梳顺。

STEP 08   将发尾向里收，在中间鱼骨辫处固定。

STEP 09   将小钻饰从上至下点缀在辫子中部。

STEP 10   在头顶位置戴上小皇冠。

造型提示

造型从前面看似简洁，
而后发中间是一条加编至
发尾的鱼骨辫，让造型
360度都有变化。

STEP 01　将刘海三七分，取左侧头发编鱼骨辫。

STEP 02　将鱼骨辫编至后发区，分成两股用皮筋扎起。

STEP 03　从头顶取一股头发，向右侧编鱼骨辫。

STEP 04　编至后发区，分成两股用皮筋扎住。

STEP 05　取右侧一股头发，编三股辫并将头发拉出纹理。

STEP 06　继续取右侧另一股头发，编三股辫并将头发拉出纹理。

STEP 07　取左侧一股头发，编三股辫并将头发拉出纹理。

STEP 08　继续取左侧另一股头发，编三股辫并将头发拉出纹理。

STEP 09　将左侧一股辫子向前固定。

STEP 10　再取左侧另一股辫子。

STEP 11　将辫子向上翻卷并固定。

STEP 12　再取一个辫子向上翻卷并固定。

STEP 13　将右侧最后一个辫子向上固定。

STEP 14　在后发区用小钻饰点缀。

造型提示

把头发编成鱼骨辫并随意地绕起，再加上小钻饰的点缀，将新娘衬托得俏皮可爱。

STEP 01　　留出刘海，将头顶头发全部向后梳理并下卡子固定。

STEP 02　　从右侧发区取一部分头发编鱼骨辫。

STEP 03　　将鱼骨辫编至发尾向后固定。

STEP 04　　从左侧同样取一部分头发，编鱼骨辫并向后交叉固定。

STEP 05　　从左侧取一部分头发向上翻卷，与辫子衔接。

STEP 06　　从右侧同样取一部分头发向上翻卷，与辫子衔接。

STEP 07　　从左侧取一部分头发。

STEP 08　　将头发向上翻卷，往中间固定。

STEP 09　　从右侧再取一部分头发。

STEP 10　　将头发向上翻卷，往中间固定。

STEP 11　　取最后剩余的头发。

STEP 12　　将头发向上翻卷。

STEP 13　　在刘海一侧戴上白色饰品。

STEP 14　　在后发区中部戴上蝴蝶饰品进行点缀。

造型提示

此造型采用两边对称的单卷造型，再以蝴蝶饰品加以点缀，使新娘显得简约大气、端庄优雅。

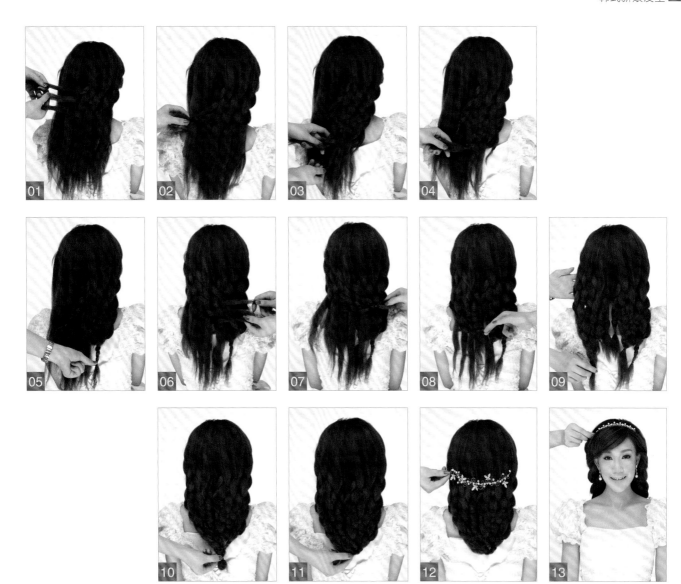

STEP 01　将头发全部向后整理，从右侧分出小股头发编"井"字辫。

STEP 02　编至发尾，将较碎的头发先用皮筋扎住。

STEP 03　将剩余头发继续编"井"字辫。

STEP 04　编至发尾，将较碎的头发同样用皮筋先扎住。

STEP 05　发尾处直接用三股辫编完，用皮筋扎住。

STEP 06　编完右侧头发，再取从左侧分出小股头发编"井"字辫。

STEP 07　编至发尾，将较碎的头发先用皮筋扎住。

STEP 08　将剩余头发继续编"井"字辫，发尾处用皮筋扎住。

STEP 09　发尾处直接用三股辫编完，用皮筋扎住。

STEP 10　将两边编好的头发合在一起，发尾用皮筋扎住。

STEP 11　将扎好的发尾向里收。

STEP 12　在后发区戴上条形饰品。

STEP 13　在头顶位置戴上头箍。

造型提示

此造型采用了复杂繁琐的"井"字编发，再配上简洁的头箍，将新娘装扮得格外清新亮丽。

STEP 01　在头顶处取一部分头发并分成三股。

STEP 02　用三股加编的方法左右加头发编辫。

STEP 03　将三股辫从上向下编，加头发不能太多。

STEP 04　继续向下编，边编边在两边加头发。

STEP 05　将辫子往下编的时候偏向右侧。

STEP 06　将辫子继续加头发，编至发尾。

STEP 07　编至发尾处用橡皮筋扎住。

STEP 08　将发尾向内收，整理发型效果。

STEP 09　在刘海一侧戴上蝴蝶饰品作为装饰。

STEP 10　在编辫的位置从上往下点缀钻饰。

造型提示

偏向一侧的自然编发造
型加上可爱的蝴蝶装饰，
给新娘带来了俏皮甜
美之感。

STEP 01　将刘海三七分，取左侧一部分头发分成五股。

STEP 02　用五股反编法将辫子从上向下编。

STEP 03　将五股辫往下编，边编边加头发。

STEP 04　将五股辫继续往下编，边编边加头发。

STEP 05　将五股辫从左侧一直向下编至右侧。

STEP 06　编至右侧后，将剩余的一部分头发用皮筋扎住。

STEP 07　将右侧留出的一部分头发向上翻卷。

STEP 08　将发卷在右侧肩膀上的位置固定。

STEP 09　在发卷上点缀蝴蝶结作为装饰。

造型提示

这是一款两边完全不对称的造型，新娘的整体造型效果别具一格、极具特色。

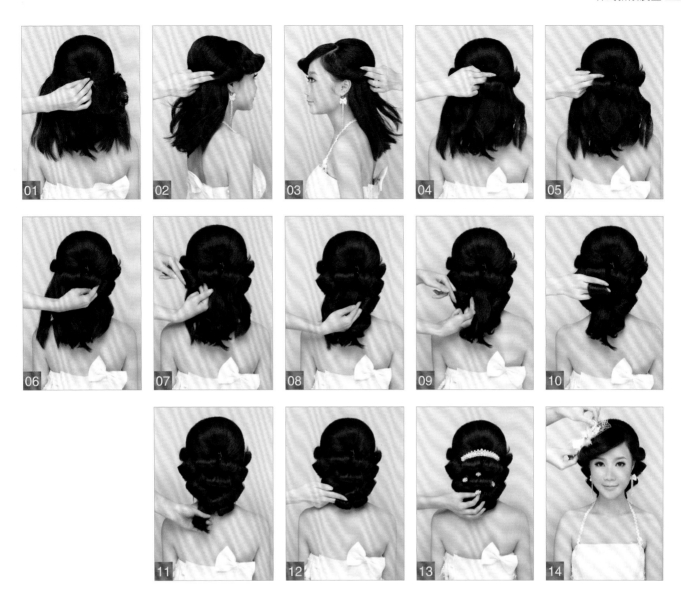

STEP 01 留出斜刘海，将头顶头发打毛，梳顺表面，做出一个饱满的拱。

STEP 02 取右侧耳朵上一部分头发，用手打卷的方法往上翻卷并下卡子固定。

STEP 03 取左侧耳朵上一部分头发，用手打卷的方法往上翻卷并下卡子固定。

STEP 04 从发拱固定处的下面先取一缕头发，向上翻卷并下卡子固定。

STEP 05 从发拱固定处的下面再取一缕头发，向上翻卷并下卡子固定。

STEP 06 从右侧剩余的头发中拿出一缕，梳顺表面后向中间翻卷。

STEP 07 从左侧同样拿出一缕头发向中间翻卷。

STEP 08 从右侧接着拿出一缕头发向中间翻卷。

STEP 09 从左侧再拿出一缕头发向中间翻卷。

STEP 10 将剩余的头发分层向上翻卷，使造型饱满，衔接自然。

STEP 11 取剩余的最后一缕头发。

STEP 12 将最后一缕头发向上翻卷，使后发型轮廓成 U 形。

STEP 13 在发拱和发卷之间戴上弧形钻饰，发卷处用发簪装饰。

STEP 14 在刘海的一侧戴上白色羽毛饰品。

造型提示

该发型从刘海的位置卷成
U 形，再配上蝴蝶结的饰
品，把新娘的俏皮和活泼
尽情地展现了出来。

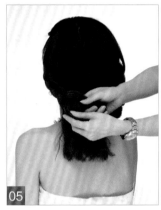

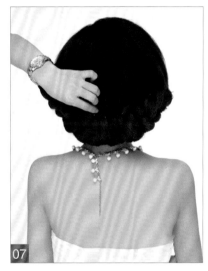

STEP 01　将刘海二八分，将刘海从左向右编三股加一辫。

STEP 02　将三股加一辫一直编至右后发区。

STEP 03　编至发尾处用皮筋扎住。

STEP 04　从左侧发区取头发编三股加一辫。

STEP 05　将辫子从前向后编。

STEP 06　编至发尾处用皮筋扎住。

STEP 07　将发尾全部向上收并下卡子固定。

STEP 08　在头顶位置戴上皇冠作为装饰。

造型提示

整体不规则斜编发是新娘发型的流行趋势，创意的短款编发造型更是时尚范儿十足。

STEP 01　头发很短的新娘需要先用皮筋或夹子把短发全部固定住，戴上齐刘海。

STEP 02　将发排一分为二，固定在刘海上头顶中间。

STEP 03　将右侧发排再平均分为三股。

STEP 04　用三股辫的编法编辫，一定不要编得太紧。

STEP 05　将三股辫编至发尾处。

STEP 06　将编好的辫子收到后发际处，下卡子固定。

STEP 07　将左边发排同样平均分为三股。

STEP 08　用三股辫法将辫子编至发尾。

STEP 09　将编好的辫子同样收到后发际线处，下卡子固定，注意两边要尽量对称。

STEP 10　选一个发量多一点、长一点的刘海。

STEP 11　将刘海扣在后脑勺穿帮的位置，使其与辫子造型衔接。

STEP 12　在头顶中间戴上甜美花饰。

STEP 13　将头纱戴在花饰后面，与头花相连接。

造型提示

这是一款复古的韩式发型，将发排编出粗粗的辫子并摆放在两侧，尽显新娘古典俏丽的感觉。

  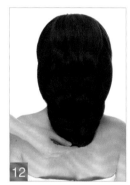 

STEP 01　将短发全部收起，戴上假刘海后进行中分处理。

STEP 02　将皇冠戴在假刘海上。

STEP 03　将发排一分为二固定在头顶位置。

STEP 04　在发排根部扣上一个假刘海。

STEP 05　将右侧发排一分为二，取一部分假发。

STEP 06　将假发向耳后固定。

STEP 07　另一侧以同样的方法操作，再取左侧另一部分假发。

STEP 08　将假发向后固定。

STEP 09　右侧头发以同样的方法操作，留出发尾。

STEP 10　从剩余的假发中左右各取一部分，向上翻卷。

STEP 11　左右再各取一部分假发，向中间卷。

STEP 12　最后将发尾全部向上收起。

STEP 13　将钻饰戴在后发区空缺的位置。

造型提示

经典的中分刘海，再加上干净细腻的包发，是与圣洁婚纱绝配的一款端庄又雅致的造型。

STEP 01　将刘海中分，取左侧头发编鱼骨加辫。

STEP 02　将鱼骨辫编至发尾，用皮筋扎住。

STEP 03　右侧头发同样编鱼骨辫并用皮筋扎住。

STEP 04　将头顶头发提起来打毛。

STEP 05　将打毛的头发表面梳顺并向后固定。

STEP 06　将两条编好的鱼骨辫向中间交叉固定。

STEP 07　将剩余的头发分成左右两份，取右侧头发编鱼骨辫。

STEP 08　将鱼骨辫编至发尾处用皮筋扎住。

STEP 09　取剩余的左侧头发编鱼骨辫。

STEP 10　编好后将两个发辫的发尾向中间聚拢固定。

STEP 11　头顶戴上皇冠作为装饰。

STEP 12　在后发区戴上相衬的钻饰。

造型提示

造型前后各编两大条鱼骨辫，分别放置于额头两侧及后侧，整体造型端庄对称，突出了新娘含蓄的美。

STEP 01　将刘海向上提起并打毛。

STEP 02　从右侧取一小缕发片，向后卷并下卡子固定。

STEP 03　从发卷下再取一小缕发片。

STEP 04　将发片向上翻卷固定。

STEP 05　从左侧取一小缕发片，向后卷并下卡子固定。

STEP 06　从发卷下再取一小缕发片。

STEP 07　将发片向上翻卷固定。

STEP 08　从右侧取一部分头发，向后卷并下卡子固定。

STEP 09　从左侧再取一小缕发片，向后卷并下卡子固定。

STEP 10　左右各取一小缕发片，向中间交叉固定。

STEP 11　继续从左右侧各取一缕发片，向中间交叉固定。

STEP 12　继续从左右侧各取一缕发片，向中间交叉固定，直到将头发做完。

STEP 13　在后发区戴上头饰，并用小钻饰进行点缀。

造型提示

此款造型最大的特别之处是将前额头发蓬松地挑高，打造出个性时尚的效果。

STEP 01　留出刘海，将头顶头发向后梳理并下卡子固定。

STEP 02　从右侧取一部分头发编成五股辫。

STEP 03　将编好的五股辫向后固定。

STEP 04　从左侧同样取一部分头发编成五股辫并向后固定。

STEP 05　从右侧取一部分头发编成鱼骨辫。

STEP 06　编至发尾，摆出一定的弧度并固定。

STEP 07　从左侧同样取一部分头发编鱼骨辫。

STEP 08　将编好的鱼骨辫一左一右交叉固定。

STEP 09　继续取发、编发并固定，直到把头发做完。

STEP 10　将较长的刘海编成五股辫。

STEP 11　编至发尾并向后固定。

STEP 12　在头顶戴上皇冠进行装饰。

STEP 13　后发区用钻饰进行点缀。

造型提示

自然的刘海、多次叠加的鱼骨辫发也是表现温婉清新的韩式造型手法之一。

087

STEP 01　留出刘海，将头顶头发提起来打毛。

STEP 02　将打毛的头发向后梳顺并下卡子固定。

STEP 03　将剩余头发全部向后烫卷，从中间取一部分头发编辫。

STEP 04　取右侧一部分卷发打散并整理蓬松，向中间固定。

STEP 05　取左侧一部分卷发打散并整理蓬松，向中间固定。

STEP 06　将剩余头发全部打散并整理蓬松，向中间固定。

STEP 07　在头顶戴上头箍进行装饰。

STEP 08　在后发区用小钻饰进行点缀。

造型提示

这是一款自然的韩式新娘卷发造型，点缀上精致的珍珠饰品，使新娘显得既端庄又时尚。

STEP 01　留出刘海，将头顶头发提起来打毛。

STEP 02　将打毛的头发向后梳顺并下卡子固定。

STEP 03　从右侧取一部分头发，向上翻卷并下卡子固定。

STEP 04　从左侧也取一部分头发，向上翻卷并下卡子固定。

STEP 05　从左右各取一部分头发，向上翻卷并下卡子固定。

STEP 06　继续从左右各分出头发，向上翻卷固定。

STEP 07　最后将发尾向上收起并下卡子固定。

STEP 08　后发区空缺部分用蝴蝶结装饰。

STEP 09　头顶位置戴上皇冠进行装饰。

造型提示

此款造型将头顶区头发打毛并做出单拱，后发区分出小发片并做出多个单卷，让发型更有层次。

STEP 01　留出刘海，将头顶的头发提起来打毛。

STEP 02　将打毛的头发向后梳理并下卡子固定。

STEP 03　从右侧取一小缕头发，烫卷并向后固定。

STEP 04　从左侧再取一小缕头发，用电卷棒烫卷。

STEP 05　将烫好的卷发向后固定。

STEP 06　重复前面的操作，将左右烫卷的头发向中间固定。

STEP 07　将剩余的头发同样烫卷，往中间固定并加以整理。

STEP 08　在后发区用钻饰加以点缀。

STEP 09　在头顶位置戴上皇冠进行装饰。

造型提示

干净整洁的层层卷发造型与发拱相结合，再配上珍珠、钻石和皇冠，突显了新娘的高贵气质。

   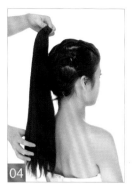

STEP 01　将短发全部用发夹和皮筋收起，选择长的假刘海戴在前额处。

STEP 02　将刘海一分为二，取其一在前额处摆出波纹效果。

STEP 03　取另一部分刘海，连接着第一个波纹做出弧度。

STEP 04　选择一头固定的长发排。

STEP 05　将发排的一侧固定在靠近刘海的位置。

STEP 06　将发排分出一小部分头发。

STEP 07　将头发向下包卷，与刘海相连接。

STEP 08　将剩余头发表面梳顺。

STEP 09　向下包在靠脖子的位置。

STEP 10　针对右侧短发穿帮的位置，可以选择一个假刘海。

STEP 11　将假刘海盖在右侧短发的位置。

STEP 12　取两个小碎花环戴在右侧真假发衔接处。

STEP 13　将头纱抓出层次，戴在头顶处与头饰衔接。

造型提示

用一个假长刘海做出双层刘海的效果，用发排连接刘海侧边将造型做于一侧，头顶的饰品花不仅可盖住新娘本身的头发，还可以修饰脸型。

STEP 01　将短发全部收起，戴上假刘海并加以整理。

STEP 02　将皇冠戴在刘海上，两边要藏在头发里面。

STEP 03　将发排一分为二，发根向下固定在头顶处。

STEP 04　选择一个长刘海。

STEP 05　将刘海扣在发排根部，挡住穿帮的地方。

STEP 06　将右侧发排向前整理，将表面梳顺。

STEP 07　将发排向下往里收起固定。

STEP 08　将左侧发排向前整理，将表面梳顺。

STEP 09　将发排同样向下往里收起固定。

STEP 10　将两侧发尾全部打圈收整齐，下卡子固定即可。

造型提示

选用自然的假刘海并加以整理，在头顶位置固定单边发排，将发量对半做出BOBO头的效果。精美的皇冠连接真假头发，更加突出整体造型大方自然的效果。

STEP 01　将刘海中分，将左侧刘海用三加一的手法编辫。

STEP 02　将头发编至发尾，用橡皮筋扎住。

STEP 03　将发尾往里收，并下卡子固定。

STEP 04　右侧刘海同样用三加一的手法编辫。

STEP 05　将头发编至发尾，用橡皮筋扎住。

STEP 06　将发尾往里收，并下卡子固定。

STEP 07　将剩余头发全部打毛，并将表面梳顺。

STEP 08　将头发全部向内包，发尾向里收干净。

STEP 09　在头顶处戴上饰品，用网纱衬托。

造型提示

此造型从顶发区位置中分，从上到下一直编辫到脑后的位置，头顶少许抓纱让整体造型更加饱满。

STEP 01 将头发全部烫卷，从头顶分出一部分头发打毛。

STEP 02 将头发向后梳理，将表面头发梳顺并下卡子固定。

STEP 03 将左侧头发根据烫卷的弧度向后整理。

STEP 04 将右侧头发同样根据烫卷的弧度向后整理。

STEP 05 将左右头发向中间交叉整理。

STEP 06 继续取左右头发向中间交叉整理。

STEP 07 将交叉的头发稍稍拉松，使头发看起来更自然。

STEP 08 在后包发下卡子处戴上一小束小碎花。

STEP 09 根据发型的纹理再继续加上小碎花点缀。

造型提示

造型两边外翻烫卷，再用
手指分别往内交叉固定，
然后喷上干胶定型，空隙
间用鲜花来增加层
次感。

 01
 02
 03

 04
 05
 06

 07
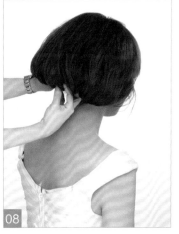 08
 09

STEP 01   留出自然齐刘海，将右侧头发提起来稍稍打毛。
STEP 02   将左侧头发及头顶后发区头发同样提起来稍稍打毛。
STEP 03   取左侧头发稍作整理，表面不要梳得太光滑。
STEP 04   将发尾向内卷，并整理左侧发型轮廓。
STEP 05   取右侧头发同样稍作整理，表面不要梳得太光滑。
STEP 06   将发尾向内卷，并整理右侧发型轮廓。
STEP 07   剩余后发区的头发同样稍作整理。
STEP 08   将发尾向内卷，并整理发型轮廓。
STEP 09   发型右侧戴上黄色玫瑰和满天星。

造型提示

把造型分为三区打毛，整理出 BOBO 头的轮廓，再把发尾向内卷，侧边配上香槟色的鲜花来点缀造型。

STEP 01　将头顶头发向上提起稍稍打毛。
STEP 02　从左侧取两缕头发做两股扭绳。
STEP 03　两股扭绳加一股头发继续往下扭。
STEP 04　扭至发尾处向右上方下卡子固定。
STEP 05　从右侧取两缕头发同样做两股扭绳。
STEP 06　两股扭绳加一股头发继续往下扭。
STEP 07　将剩余头发全部扭绳至发尾，用皮筋扎住。
STEP 08　将发尾向左上方下卡子固定。
STEP 09　发型左侧点缀黄色碎花。

造型提示

这是一款两边不对称的造型，左侧头发用鲜花点缀，呈现出清新可人的效果。

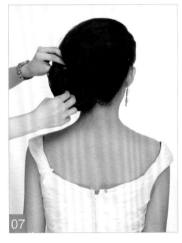

STEP 01　将刘海二八分，取左边较多的刘海向下包。
STEP 02　再取一部分头发向上包，连接刘海的位置。
STEP 03　从头顶分出一部分头发并打毛。
STEP 04　将表面稍微梳理后向下包。
STEP 05　将剩余头发分为上下两部分，取上部分从右向左包。
STEP 06　取最后一部分头发。
STEP 07　向上翻卷并下卡子固定。
STEP 08　在左边发包空缺处戴上粉色康乃馨及小碎花。
STEP 09　在后发包空缺处同样装饰粉色康乃馨及小碎花。

造型提示

将刘海分为一上一下两片发片，让刘海更有层次，其他发尾做成一个单卷连接造型，不同位置摆放的康乃馨让整个造型更加丰富。

STEP 01　将头顶头发稍稍打毛。

STEP 02　将右侧头发向后扭绳并下卡子固定。

STEP 03　将左侧头发分股向后扭绳并下卡子固定。

STEP 04　将右侧头发再分股向后扭绳，并取一部分头发。

STEP 05　向上扭绳并下卡子固定，留出发尾备用。

STEP 06　取最后一股头发。

STEP 07　向上扭绳并下卡子固定，留出发尾备用。

STEP 08　将留出的发尾用电卷棒烫卷。

STEP 09　将烫卷的发尾加以整理。

STEP 10　刘海右侧装饰黄色小碎花。

STEP 11　左侧卷发造型位置也点缀相应的小碎花。

造型提示

将前发区造型做出饱满的
上拱，后发区造型做出多
个单包，其他发尾自然
整理出漂亮轮廓。

STEP 01　将刘海及头顶头发提起来打毛。

STEP 02　将打毛的头发向左侧将表面梳顺。

STEP 03　将左侧发尾向上翻卷并下卡子固定。

STEP 04　连接发卷后再取一部分头发。

STEP 05　将发尾往上翻卷，与第一个发卷衔接。

STEP 06　将右侧发区向后梳理并下卡子固定。

STEP 07　将右侧发区发尾与剩余头发合并在一起。

STEP 08　将发尾同样向上翻卷。

STEP 09　在发卷与发包衔接处戴上满天星和紫色小碎花。

造型提示

用顶区造型长发盖住短发做刘海，在耳下方做出层次卷，细而多的满天星让造型更有立体感。

  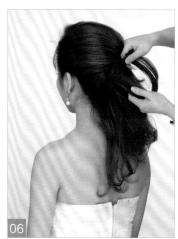

STEP 01　将发尾烫卷，留出自然的斜刘海，将头顶头发提起来打毛。

STEP 02　将打毛的头发向右侧整理。

STEP 03　从左侧发区分出头发，提起来打毛。

STEP 04　将左侧发区打毛的头发表面梳顺。

STEP 05　将左侧表面梳顺的头发往右方整理并下卡子固定。

STEP 06　从左侧剩余头发中取两股，加发扭绳。

STEP 07　将左侧头发收完固定，右侧头发留一部分。

STEP 08　在耳朵位置戴上黄玫瑰配满天星。

STEP 09　扭绳下卡子处也戴上相应的鲜花。

造型提示

把造型分为不对称发量，
将左侧与后发区头发扭绳收
好，剩余头发用大号电卷
棒烫出自然随意的波
浪即可。

115

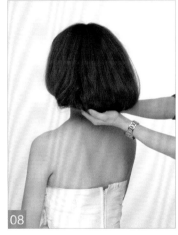

STEP 01　留出自然刘海，将左侧发尾向内烫卷。

STEP 02　将后发区及右侧发尾全部向内烫卷。

STEP 03　将右侧烫卷的头发整理蓬松。

STEP 04　将整理好的发尾向里卷并下卡子固定。

STEP 05　将左侧烫卷的头发同样整理蓬松。

STEP 06　将整理好的发尾向里卷并下卡子固定。

STEP 07　将后发区剩余烫卷的头发也整理蓬松。

STEP 08　将整理好的头发向里卷并下卡子固定。

STEP 09　在造型左侧随意地戴上小碎花，并将头发整理自然。

造型提示

造型发尾往内收出 BOBO
头效果，但要制造出凌乱美
的感觉，可稍理出几缕不
规则的发丝，造型须
乱中有序。

117

STEP 01   留出自然的刘海，右侧头发用直板夹向内夹卷。

STEP 02   取左侧一小缕头发，用直板夹向内夹卷。

STEP 03   后发区头发同样分成小片，用直板夹向内夹卷。

STEP 04   烫卷的头发需要打散，整理后就可以点缀鲜花。

STEP 05   在头顶先铺上一点黄色小碎花，再加上紫色碎花进行点缀。

STEP 06   在鲜花靠后的位置再加一点满天星进行衬托。

STEP 07   对整体效果做最后的整理即可。

造型提示

本款造型是今年最流行的梨花烫卷。用大号电卷棒将分好的大片发片往内卷，再加上些俏皮的黄色小碎花，整个造型更显时尚俏丽。

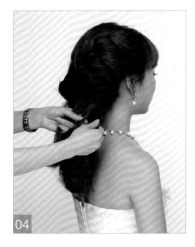 

STEP 01　将头发整理出蓬松自然的效果，将头顶右侧头发编三股辫。

STEP 02　将三股辫由右向左编，边编边在两边加头发。

STEP 03　编至发尾处用皮筋扎住，并用手拉松头发。

STEP 04　剩余头发同样从右侧分出三股。

STEP 05　边编三股辫边在两边加头发，直至将所有头发加完。

STEP 06　三股辫编至发尾，用橡皮筋扎住。

STEP 07　将两个辫子绕在左侧并固定，戴上康乃馨。

造型提示

把造型分为上下两区，编成三股加二的斜编辫子，连接处加上一朵康乃馨，将造型装点得恰到好处。

STEP 01　将头顶靠后的头发提起来打毛。

STEP 02　将打毛的头发向后梳顺表面。

STEP 03　将发尾向里收，做一个发包。

STEP 04　将头顶头发中分，取左侧头发编三股辫。

STEP 05　将三股加一辫向后编。

STEP 06　编至发尾，用卡子固定在发包下。

STEP 07　取右侧头发编三股辫。

STEP 08　将三股加一辫同样向后编。

STEP 09　编至发尾，用卡子固定在发包下。

STEP 10　在辫子两侧戴上紫色小碎花。

STEP 11　在后发包处戴上相应的鲜花。

造型提示

把刘海进行中分，各编三股加一的辫子，把头发编成两个半月形的轮廓，既显得端庄又不失年轻可爱。

STEP 01　分出一部分刘海，将刘海在前额处打毛。

STEP 02　边打毛边旋转刘海，使刘海呈旋涡状。

STEP 03　将旋涡刘海进行整理，使形状更加饱满。

STEP 04　取右侧发区一部分头发。

STEP 05　向上扭绳并下卡子固定，留出发尾。

STEP 06　从左侧至头顶分出一小部分头发。

STEP 07　将头发向右扭绳固定。

STEP 08　再取一小部分头发，向右扭绳固定。

STEP 09　从后发区左侧取一部分头发，向上扭绳固定。

STEP 10　再取中间一部分头发。

STEP 11　将发尾向上扭绳固定。

STEP 12　最后取右侧剩余头发，向上扭绳固定。

STEP 13　将发尾扭向右侧，在旋涡刘海与发尾之间装饰花瓣。

造型提示

刘海区域的旋涡造型极
具时尚感，后发区将发尾
整理出轮廓即可，中间
用小花点缀层次。

STEP 01   刘海自然偏分，将头顶的头发提起来打毛。

STEP 02   将打毛的头发扭向右侧，梳顺表面。

STEP 03   从右侧取一部分头发。

STEP 04   将发尾向后上方翻卷。

STEP 05   将头发翻卷至后脑勺靠右侧的位置，下卡子固定。

STEP 06   再取后发区中间一部分头发。

STEP 07   将发尾向上翻卷，与第一个发卷连接。

STEP 08   取左侧最后一部分头发。

STEP 09   将发尾向下卷，往里包并下卡子固定。

STEP 10   在造型右侧下方戴上鲜花。

STEP 11   在后发区发卷与发包处也戴上鲜花。

造型提示

本造型采用了两种手法，
分别是左侧造型向耳下扣包
发、右侧造型向耳上扣包发。
点缀些小花可以让造型端
庄而不过于老气。

  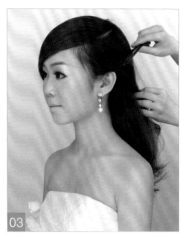

STEP 01 　将头顶及刘海头发打毛，梳顺表面并拨向右侧。

STEP 02 　将梳顺的头发拨至耳后并下卡子固定。

STEP 03 　将左侧发区头发从前向后梳顺并下卡子固定。

STEP 04 　将垂下的头发全部向左侧抓好。

STEP 05 　抓住头发的发尾向后收，做一个侧髻。

STEP 06 　将侧髻轮廓加以整理并配上粉色康乃馨。

STEP 07 　在后发拱下卡子的位置也戴上鲜花稍作遮挡。

造型提示

本款造型将刘海与造型区头发打毛，而后发区造型则用手卷成上拱，耳侧用粉色康乃馨加以衬托。

STEP 01　将长发的发中至发尾烫成大波浪效果。

STEP 02　将两侧头发分别往中间方向烫卷。

STEP 03　将头顶头发中分，在靠发际线的位置分出一部分头发不烫。

STEP 04　头顶两侧的头发用玉米夹烫卷，使头发蓬松，头形饱满。

STEP 05　取一朵康乃馨戴在右侧刘海靠后的位置。

STEP 06　再加上一朵康乃馨及紫色碎花，使花饰效果更完整。

造型提示

中分刘海可以起到拉长脸部线条的作用，波浪卷发自然随意，鲜花的衬托使造型更加唯美动人。

STEP 01　将刘海中分，将头顶的头发提起来打毛。

STEP 02　将打毛的头发向后将表面梳顺，下卡子固定。

STEP 03　取右侧刘海头发，分成两股并交叉。

STEP 04　将两股交叉的头发向后扭绳，扭至卡子处固定。

STEP 05　同样取左侧刘海头发，分成两股并交叉。

STEP 06　将两股交叉的头发向后扭绳。

STEP 07　扭至后脑勺中部，在两股扭绳交叉处下卡子固定。

STEP 08　在下卡子处戴上黄玫瑰和紫色碎花。

造型提示

刘海两边对称地扭绳到脑后，后发区头发自然垂下，小花的搭配让整体造型更加清新自然。

STEP 01　将刘海三七分，长发的发中至发尾烫成大波浪效果。

STEP 02　将右侧刘海分两股交叉。

STEP 03　将两股头发交叉并向后扭绳。

STEP 04　留出一部分发尾向后固定。

STEP 05　从左侧发区分出三股头发。

STEP 06　用三股编法从下取一股加发向后编。

STEP 07　编至右侧与扭绳交汇固定。

STEP 08　在下卡子位置即造型右侧戴上鲜花。

造型提示

用扭绳手法将刘海造型拉向耳后，可以让新娘五官突出，将波浪卷发置于胸前，更加突显出新娘柔美的气质。

STEP 01　将刘海三七分，右侧头发编三股加一辫。

STEP 02　编三股加一辫时只加上面的头发，下面的头发不加。

STEP 03　将三股加一辫向后编，使刘海有一定的弧度。

STEP 04　留出一部分发尾，向右侧后方固定。

STEP 05　将左侧发区头发向下交叉扭绳。

STEP 06　扭至左侧下方固定。

STEP 07　在左侧下卡子处戴上粉色康乃馨。

STEP 08　右侧三股辫下方则点缀粉紫色小碎花。

造型提示

刘海采用三股加一编辫的方法，两侧的鲜花可以用于调整造型的宽度和高度比例，从而修饰新娘的脸型，使其显得更加秀气。

STEP 01 将刘海中分，将头顶一侧头发打毛，并把表面梳顺。

STEP 02 将头顶另一侧头发同样打毛，并将头发表面梳顺。

STEP 03 将刘海两侧的头发分出一部分。

STEP 04 用直板夹烫出自然的外翻卷发效果。

STEP 05 将另一侧刘海发尾同样分出一部分。

STEP 06 用直板夹将另一侧的头发及剩下的头发都烫出外翻效果。

STEP 07 将烫好的头发整理出蓬松自然的效果，并用发胶固定。

STEP 08 在头顶处戴上甜美花饰，用卡子固定。

造型提示

自然外翻的动感卷发，
加上装饰在头顶的饰品，
将新娘衬托得女人味
十足。

STEP 01 将左侧发区头发分出来，并向右边梳理。
STEP 02 为了使头顶轮廓更饱满，头顶头发根部要全部打毛。
STEP 03 将头发拉向另一侧，并将表面头发梳顺。
STEP 04 将表面梳顺的头发用卡子固定。
STEP 05 再从左侧拿出一部分头发，同样拉向右侧。
STEP 06 随意拿出卷好的一小缕头发，将头发绕好并下卡子固定。
STEP 07 将右侧已经烫卷的头发稍做整理，使其蓬松自然。
STEP 08 在耳朵位置戴上第一朵红玫瑰。
STEP 09 接着按顺序将剩余的玫瑰依次戴上。

造型提示

自然的侧卷造型加上红玫瑰的衬托，与妆面搭配得十分协调，让整体造型更有华丽复古的感觉。

STEP 01　将刘海中分，取一侧的一小部分头发。

STEP 02　向后向下扭绳，并下卡子固定。

STEP 03　将剩下的头发再分成三份，用同样的方法向后固定。

STEP 04　另一侧刘海用同样的方法向后扭绳固定。

STEP 05　用电卷棒把剩余的垂发烫卷。

STEP 06　把烫好的头发打毛并加以整理。

STEP 07　将一块网纱折成条带状固定在两侧耳后。

STEP 08　把耳后剩余的网纱整理成放射状的效果。

STEP 09　在整理好的网纱一侧戴上甜美的黄色碎花。

STEP 10　在另一侧网纱前面也戴上同样的黄色碎花。

造型提示

这是一款中分造型，留下随意的发尾卷，再加上白色网纱带和黄色碎花，让整体发型更加俏皮可爱。

STEP 01　先将头发烫卷，再将刘海三七分，取左侧一部分头发用橡皮筋扎住。
STEP 02　捏住橡皮筋的位置往里收，使头发表面有一定弧度，用卡子固定。
STEP 03　将右侧刘海连同顶发区及侧发区的头发根部打毛，并将表面梳顺。
STEP 04　用橡皮筋将靠近尾部的头发扎住。
STEP 05　捏住橡皮筋位置往里收，使头发表面的弧度形成一个扰。
STEP 06　将顶发区后端剩余头发的根部打毛。
STEP 07　梳顺表面并往里收，同样形成一定的弧度。
STEP 08　将黄色小碎花戴在右侧包发与卷发之间。
STEP 09　在后面头发的包发与卷发之间也戴上黄色小花连接。
STEP 10　将小碎花一直连接到左侧包发与卷发之间。

造型提示

打毛两边包发，从而让造型不单调，而发尾小卷及碎花使整体造型效果唯美而不失俏皮。

147

STEP 01　将头发中部到尾部烫卷，取刘海头发向上打毛。

STEP 02　将刘海向上整理，向后扭绳并下卡子固定。

STEP 03　将烫卷的头发先进行蓬松处理，然后喷上发胶定型。

STEP 04　将整理好的头发向内固定。

STEP 05　另一侧头发同样进行蓬松处理，并喷上发胶定型。

STEP 06　将整理好的头发向内固定。

STEP 07　固定好之后还要再次整理，使发型轮廓饱满。

STEP 08　在上翻刘海一侧的后面做出抓纱效果并加以整理。

造型提示

把造型分为三个发区，以三角形放射状展开，搭配自然抓纱，突出时尚动感效果。

STEP 01　将刘海部分的头发留出来，剩余头发全部烫卷。

STEP 02　取右侧一部分头发进行整理，喷上发胶并往里固定。

STEP 03　取左侧一部分头发同样进行整理，喷上发胶并往里固定。

STEP 04　最后取后面剩余的头发进行整理，喷上发胶并往里固定。

STEP 05　从刘海部分分出三股头发，编三股加一辫。

STEP 06　一直编到发尾。

STEP 07　将编完的刘海稍作整理，将发尾向后固定。

STEP 08　在刘海固定的位置用网纱装饰，并将其整理开。

STEP 09　在网纱前点缀羽毛饰品，使装饰效果更丰富。

造型提示

俏皮的编发刘海和自然动感的卷发，配上简单的饰品装饰，打造随意的造型效果。

STEP 01　用皮筋将短头发分股全部扎起并用卡子固定，在刘海位置戴上假的卷发刘海。

STEP 02　卷发刘海需要加以整理并喷上发胶定型。

STEP 03　在刘海的一侧戴上白色饰品。

STEP 04　将毛毛虫卷发的一侧固定在饰品后面。

STEP 05　将剩余的假发来回固定在一侧。

STEP 06　继续将剩余的假发来回固定在后面。

STEP 07　将剩下最后一段假发向上收起固定。

STEP 08　假发固定好之后需要再次整理，使发型轮廓饱满。

STEP 09　将头纱固定在假发后面，用假发稍稍盖住即可。

造型提示

在本款造型中，假发分别用于刘海及后发区位置，加之整理呈现出饱满的轮廓，蝴蝶结网纱则突出了新娘的小女人气质。

STEP 01   将刘海区及后发区的头发向上烫卷。

STEP 02   取左侧发区的头发，向后向上扭绳固定。

STEP 03   取右侧发区的头发。

STEP 04   将右侧发区的头发向后向上扭绳固定。

STEP 05   将剩余头发分成三份，取右侧一份。

STEP 06   向中间上方扭绳包发。

STEP 07   再取中间一份头发。

STEP 08   向上扭绳包发。

STEP 09   取左侧一份头发。

STEP 10   向中间扭绳包发，与第一份头发衔接。

STEP 11   整理头顶卷发，使造型更加饱满完整。

STEP 12   在造型右侧戴上皇冠。

造型提示

向上高耸的刘海可以修饰
额头偏短的脸型，把所有卷
发集中在顶发区造型，整
体效果显得大气高贵。

STEP 01 　将刘海区的发尾烫卷后扭绳。

STEP 02 　将扭绳后露出的卷发摆放在刘海的位置。

STEP 03 　将后面剩余的头发分为上下两部分。

STEP 04 　第一部分用橡皮筋扎起并整理出卷发效果。

STEP 05 　第二部分用橡皮筋扎起，并把头发分成几小份，分别向外翻卷固定。

STEP 06 　用白色蕾丝头巾从下向上围绕，并且下卡子固定。

STEP 07 　戴上白色网纱后开始添加红玫瑰。

STEP 08 　用若干红玫瑰摆放出饱满的形状。

STEP 09 　选择带有花边的头纱，用抓纱的手法把花边衬托在红玫瑰花团后面。

造型提示

时尚卷发刘海，加上透明白色网纱和深红色花饰，丰富的色彩让造型更有层次感。

157

STEP 01　将后发区的头发用橡皮筋扎起，扭绳绕成圆圈固定。

STEP 02　将左侧发区的头发向后扭绳固定。

STEP 03　将剩余的头发全部向上向后烫卷。

STEP 04　用手指将卷发整理出蓬松自然的效果。

STEP 05　喷上发型定型后，捏住右侧卷发最长的部分。

STEP 06　向后整理，使前面的发型效果主体偏上。

STEP 07　将向后的头发用卡子固定在绕好的头发上。

STEP 08　将白色羽毛饰品戴在左侧靠近眉毛处。

STEP 09　为了使造型更丰富，在白色羽毛后面加上网纱装饰。

STEP 10　最后将头纱戴在头顶靠后绕好的圆圈上固定。

造型提示

将刘海及头顶头发斜向
上卷，白色饰品花与发型
相连接，衬托出了新娘
的柔美气质。

159

STEP 01　将刘海三七分，将左侧头发及后面头发用电卷棒向后烫卷。

STEP 02　将右侧刘海向上烫卷，右侧及后面头发都向后烫卷。

STEP 03　将左侧卷发用手指稍稍打毛，做出自然凌乱的效果。

STEP 04　喷上发胶定型后，将发尾头发向上固定。

STEP 05　右侧卷发同样用手指稍稍打毛，做出自然凌乱的效果。

STEP 06　喷上发胶定型后，将发尾头发向上翻卷固定。

STEP 07　后面最后一份头发也是用手指稍稍打毛，做出自然凌乱的效果。

STEP 08　喷上发型定型后，将发尾头发向上翻卷固定。

STEP 09　将白色头饰花戴在右侧刘海靠后凹陷的位置。

造型提示

将造型发尾进行外翻烫卷并整理出凌乱感。刘海需分层次烫卷，应让刘海尽量靠近眉毛，这样更能修饰脸型。

STEP 01　将头发三七分后全部用电卷棒烫卷。

STEP 02　分出刘海区的头发并扭绳。

STEP 03　将扭绳后的卷发放在刘海的位置并加以整理。

STEP 04　将后面剩余的头发分成上下两部分。

STEP 05　取上部分头发扭绳，将卷发向上与刘海相连接。

STEP 06　取最后一部分头发扭绳。

STEP 07　向上与第一部分卷发相连接。

STEP 08　将白色饰品戴在刘海左侧，与后面的卷发衔接。

造型提示

刘海至头顶的位置全部由卷发造型，一侧点缀的饰品使整体效果既高贵大气又不失活泼俏丽。

STEP 01　将刘海留出来，剩余的头发用电卷棒烫卷。

STEP 02　先将两侧的头发分出来并向前烫卷。

STEP 03　将后面的头发一条向左、一条向右地烫卷。

STEP 04　后面的头发可以不烫到根部，但根部需要用玉米夹烫蓬松。

STEP 05　刘海用电卷棒稍稍向里烫卷。

STEP 06　开始整理头发，将卷发用手指提起来喷发胶定型。

STEP 07　将表面的卷发一条条用发蜡抹干净，摆放在适当的位置。

STEP 08　戴上浅粉色的饰品，使新娘显得甜美可爱。

造型提示

此款造型自然简洁，将全部头发烫到发尾即可，但无需烫到根部。配上粉色碎花饰品，整个造型显得自然随意。

STEP 01　将刘海留出来，将后脑勺靠下的头发收起固定，剩余头发全部烫卷。

STEP 02　为了使头顶轮廓更加饱满，头顶头发的根部需要打毛。

STEP 03　将前面烫卷的头发全部拆散，使头发看起来有点蓬松凌乱感。

STEP 04　将拆散的头发加以整理，喷上发胶定型。

STEP 05　左边头发的整理同样要先拆散，然后喷发胶定型。

STEP 06　后面头发的整理也是要先拆散，然后喷发胶定型。

STEP 07　做最后的整理，使发型轮廓饱满，两边一致。

STEP 08　头顶位置先用粉色的纱抓出形状。

STEP 09　再加上粉色花饰，使其与粉色纱相结合。

造型提示

本款造型通过蓬松的卷发打造了可爱的芭比新娘，再配上粉色小礼帽头饰，给人娃娃般可爱的感觉。

STEP 01　将头发全部向后烫卷，将刘海头发分出来向上打毛。

STEP 02　将打毛后的头发向后固定，并将上翻的刘海整理好。

STEP 03　将剩余头发分成左右两份，还需要在靠近脸部的位置分出一小部分头发备用。

STEP 04　将这部分头发向上扭绳，露出卷发部分。

STEP 05　向上扭绳后用卡子固定住，卷发部分尽量靠前。

STEP 06　将靠近脸部的那份头发覆盖在卷发上面，并喷发胶固定。

STEP 07　左侧同样分出靠近脸部的一小部分头发，将剩余头发向上扭绳。

STEP 08　向上扭绳后用卡子固定，露出的卷发尽量靠前。

STEP 09　将靠近脸部的那份头发同样覆盖在卷发上面，并用发胶固定。

STEP 10　在上翻的刘海一侧戴上太阳菊和小碎花。

造型提示

本款造型可以用来修饰脸型
偏短的新娘，将刘海区域打毛的
头发制造出自然蓬松的弧度即可，
加上两边蓬松的卷发球，再配上
几朵不同色系的小花，给人
俏皮可爱的感觉。

STEP 01　留出刘海，将剩余头发中分，将发尾全部烫卷，右侧头顶处编四股加一辫。

STEP 02　编到耳朵处就不用再加发了，直接编完。

STEP 03　发尾处用橡皮筋扎住，从下绕到耳朵后面固定好。

STEP 04　取右侧剩余的头发，将卷发部分打散，喷上发胶。

STEP 05　向上扭绳固定，露出的卷发尽量靠前，与四股辫衔接。

STEP 06　左侧头顶处头发同样用四股加编法编辫。

STEP 07　编至耳朵处就不用再加发了，直接编完并用橡皮筋扎住。

STEP 08　将发尾从下绕到后面，下卡子固定住。

STEP 09　将剩余的卷发用手指打散，喷上发胶定型。

STEP 10　向上扭绳并用卡子固定，露出的卷发同样与四股辫衔接。

STEP 11　在发型一侧随意点缀两朵橙色的太阳菊。

造型提示

前发区采用中分造型，编发
至耳后，后发区头发扭向两侧
并固定。将整体造型整理饱满，
配上与服装及妆面色系相
搭配的花朵。

STEP 01　将刘海分出来，从两边耳后到头顶靠后分出一条分界线。

STEP 02　从左侧开始编鱼骨加辫，一直编到头顶，再编到右侧耳朵处。

STEP 03　剩余头发不用再加编，直接编完后用皮筋扎住。

STEP 04　将后面的头发发尾全部烫卷，并用手抓成一个马尾。

STEP 05　将编好的辫子从下绕到后面，将卷发扎成一个马尾。

STEP 06　卷发部分尽量靠右侧，整理后用发胶定型。

STEP 07　在鱼骨辫和卷发衔接处戴上蓝色饰品。

造型提示

发型大体分为前后两区，
前发区鱼骨辫加编到一侧，
后发区卷发收向同侧，淡蓝
色的饰品让整体造型有
了一点小女人味。

173

STEP 01　留出刘海，将发尾烫卷，头顶及两侧的头发用手指抓出纹理并向后固定。

STEP 02　剩余头发分成左右两部分，取右边头发将卷发打散。

STEP 03　将右边头发向上扭并用卡子固定，露出的卷发尽量靠前。

STEP 04　取左边头发，同样将卷发打散并喷上发胶。

STEP 05　将左边头发向上扭并用卡子固定，露出的卷发尽量靠前。

STEP 06　固定好头发并加以整理，使造型饱满细腻。

STEP 07　在发型左侧戴上夸张的蓝色饰品。

造型提示

本款造型讲究整体轮廓感，利用打拱的手法做好前发区造型，表面用尖尾梳理出纹理，将两侧发尾轮廓理出小圆球效果。

欧式新娘发型

STEP 01　将刘海二八分，取头发多的部分由左至右编鱼骨辫。

STEP 02　鱼骨加辫编至发尾处，用橡皮筋扎住。

STEP 03　将编好的鱼骨辫在前额处进行旋转。

STEP 04　将发尾藏到旋涡里并下卡子固定，使刘海效果圆润饱满。

STEP 05　将剩余头发分上下两部分，取上部分头发由左至右编三股加二辫。

STEP 06　编至发尾，用橡皮筋扎住。

STEP 07　将发尾往里藏并下卡子固定，使编发造型与刘海衔接。

STEP 08　剩余头发由左至右编三股加一辫。

STEP 09　编至发尾，用橡皮筋扎住。

STEP 10　将编好的辫子由下往上固定，发尾往里收。

STEP 11　在造型右侧戴上白色的夸张头饰。

造型提示

流行的鱼骨编发，经典的带纱白色小礼帽，使得整个造型具有了极强的层次感，将新娘衬托得端庄大气。

STEP 01　将头发从上到下分成三份，取中间部分头发打毛。

STEP 02　将打毛的头发表面梳顺，往上卷出发包。

STEP 03　再取最下部分头发打毛，并将表面梳顺。

STEP 04　将表面梳顺的头发往上包，与第一个发包衔接。

STEP 05　用手指向上梳理刘海，从左侧发区开始编三股加一辫。

STEP 06　将三股加一辫由左编向右，直到加完头发。

STEP 07　三股辫编至发尾处，用橡皮筋扎住。

STEP 08　将发尾往后收起并整理发型轮廓。

STEP 09　在前额处戴上饰品链装饰。

STEP 10　在后发区发包连接处戴上头饰。

造型提示

将发型做高不仅可以拉长脸型，更能突出高贵的宫廷特征。前发区编发造型可以提升发型高度，后发区向上的包发使整体发型效果更饱满。

STEP 01　将刘海二八分，使头发偏向右侧并将发尾向上翻卷。

STEP 02　将左侧发区头发提起来打毛，将表面梳顺。

STEP 03　将表面梳顺的头发由左向右侧包卷。

STEP 04　将剩余头发分为上下两部分，取上部分头发。

STEP 05　将头发打毛并梳顺表面，将头发向上包卷。

STEP 06　取最后一部分头发打毛，梳顺表面。

STEP 07　将头发由下往上做发包。

STEP 08　在头顶处戴上皇冠。

STEP 09　在后发区发包处戴上头饰。

造型提示

整体造型主要运用了包发手法，前发区刘海采用单卷，使造型在复古中增添了俏皮的感觉。顶发区及后发区的发型都是向上包发，而公主式的皇冠更加符合欧式新娘的特点。

STEP 01　将后发区分出一部分头发，用橡皮筋扎一个马尾。
STEP 02　将发尾先打毛，梳顺表面，头发向前包出一个发拱。
STEP 03　将刘海二八分，从左至右在前额处编三股加一辫。
STEP 04　三股加一辫沿着刘海位置一直编至右侧耳朵后。
STEP 05　三股加一辫在右侧耳朵处开始向上转折。
STEP 06　将辫子沿着后面的发包最高处往上编。
STEP 07　继续将辫子由右向左编，直到把头发加完。
STEP 08　三股辫编至发尾处，用橡皮筋扎住。
STEP 09　将辫子向后绕，把发尾藏到发包里。
STEP 10　最后在头顶位置戴上皇冠。

造型提示

别致的欧式古典造型，从刘海到整体造型都采用了编发手法，突显出新娘高贵复古的感觉。

STEP 01　从刘海与顶发区分出一部分头发，打毛并将表面梳顺。

STEP 02　将头发尽量提起来再向下压，并用鸭嘴夹定型。

STEP 03　剩余发尾向上翻卷，使刘海造型呈S形。

STEP 04　从右侧发区取一部分头发，打毛并将表面梳顺。

STEP 05　将头发由右向左包，与顶发区头发衔接。

STEP 06　从左侧发区取一部分头发，打毛并将表面梳顺。

STEP 07　将头发由左向右包，与右侧发区头发衔接。

STEP 08　将剩余头发全部打毛，并将表面梳顺。

STEP 09　将表面梳顺的头发向上包，与前两个发包衔接。

STEP 10　在造型一侧戴上饰品，并加两根驼鸟羽毛进行装饰。

造型提示

层次感极强的S形夸张刘海，再加上后发区镂空包发，配上长款羽毛，让整体造型更加大气时尚。

STEP 01　从刘海分出一部分头发，打毛并将表面梳顺。

STEP 02　将表面梳顺的头发向下包卷，在前额处做出一定弧度。

STEP 03　取右侧发区头发，打毛并将表面梳顺。

STEP 04　将头发向前包卷，与第一个发卷衔接。

STEP 05　再取头顶一部分头发，打毛并将表面梳顺。

STEP 06　将头发向前包卷，在两个发卷上固定。

STEP 07　取右后发区一部分头发，打毛并将表面梳顺。

STEP 08　将头发向前包卷，与前面造型衔接。

STEP 09　取左后发区一部分头发，打毛并将表面梳顺。

STEP 10　将头发由左向右包卷，固定在之前做好的发包上。

STEP 11　最后取左侧发区的头发，打毛并将表面梳顺。

STEP 12　将头发由左向右头顶处包发，并下卡子固定。

STEP 13　在造型最左侧戴上夸张饰品，饰品尽量靠近眉毛处。

造型提示

多层手卷刘海及后发区的层次单卷，加上带钻的羽毛饰品，更加可以突显时尚摩登的现代新娘气质。

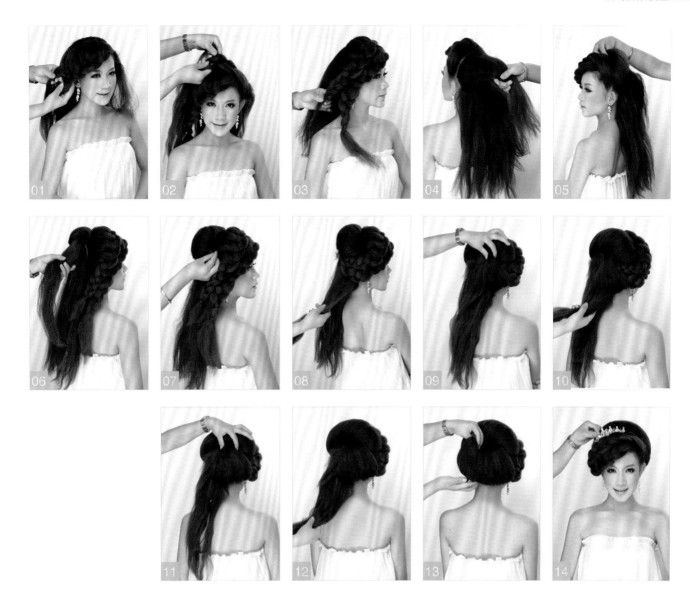

STEP 01　将刘海三七分，从左向右在前额位置编三股加一辫。

STEP 02　编至发尾用皮筋扎住，并从左侧发区开始编三股加一辫。

STEP 03　将第二层辫子从左向右编至发尾处，用皮筋扎住。

STEP 04　从左侧后发区取一部分头发，打毛并将表面梳顺。

STEP 05　将表面梳顺的头发向前翻卷，留出发尾。

STEP 06　留下的发尾再加一部分头发，打毛并将表面梳顺。

STEP 07　将表面梳顺的头发同样向前翻卷，与第一个发卷连接。

STEP 08　将两条辫子的发尾固定在发包后面，并取右侧一部分头发。

STEP 09　将头发向上卷，包住辫子发尾的位置并下卡子固定。

STEP 10　再取一部分头发，打毛并将表面梳顺。

STEP 11　同样将头发向上包，与之前的包发相连接。

STEP 12　取最后一部分头发，打毛并将表面梳顺。

STEP 13　将头发向上包，与之前的包发相连接。

STEP 14　在造型一侧戴皇冠即可。

造型提示

双层刘海编发加上后发区
上翻单拱造型，大钻的皇冠
则使一个奢华的复古欧式
新娘造型呈现出了靓
丽的一面。

STEP 01   将刘海及头顶头发提起来全部打毛，两侧及后面的头发也全部打毛。

STEP 02   先用梳子将头顶及右侧的头发整理出饱满的造型轮廓。

STEP 03   左侧头发喷上发胶后用梳子稍稍梳理，使头发表面干净整洁。

STEP 04   右侧头发同样梳理，使发尾全部向后，用发胶固定。

STEP 05   剩余头发分成左右两份，取右侧头发。

STEP 06   将发尾向上翻卷并下卡子固定。

STEP 07   取左侧剩余头发。

STEP 08   将发尾向上翻卷并下卡子固定，轮廓需圆润些。

STEP 09   在前额一侧戴上夸张的白色宫廷头饰。

造型提示

将新娘的整体造型向上打毛，使其呈放射半圆状，前额以白色宫廷头饰加以修饰，让整体造型更加突显了欧式霸气的皇室贵族的气质。

STEP 01　将造型区和顶发区头发分出来，用橡皮筋扎起来。

STEP 02　将留出的发尾用电卷棒烫卷。

STEP 03　将烫卷的头发往刘海位置整理，并将轮廓整理得饱满些。

STEP 04　剩余头发在头顶靠后的位置全部用橡皮筋扎起。

STEP 05　留出的发尾全部用电卷棒烫卷。

STEP 06　将烫卷的头发加以整理，使前后卷发造型结合在一起。

STEP 07　在刘海另一侧空缺的位置戴上白色蕾丝帽。

造型提示

将新娘的卷发在前额一侧整理出花球效果，另一侧佩戴蕾丝帽，可以补充造型的空缺，使其更加平衡。

STEP 01　取顶发区、刘海区及右侧发区的头发，打毛并将表面梳顺。

STEP 02　将刘海向右侧整理，将发尾向上翻卷。

STEP 03　取右侧后脑勺一部分头发，打毛并将表面梳顺。

STEP 04　由下往上做一个大的翻卷，与刘海衔接。

STEP 05　取左侧发区一部分头发，打毛并将表面梳顺。

STEP 06　将头发向上翻卷，下卡子固定，发尾向下留出。

STEP 07　从左侧再取一部分头发，打毛并将表面梳顺。

STEP 08　将头发向上翻卷，做包发并下卡子固定。

STEP 09　剩余头发全部打毛并将表面梳顺。

STEP 10　将头发由下往上做成包发效果，发尾全部向内收干净。

STEP 11　在头顶一侧交界线位置用网纱抓出层次造型。

STEP 12　在网纱前面佩戴羽毛饰品，使造型更丰富。

造型提示

将新娘前发区头发整理出明显的纹理并呈 C 形，在侧面以网纱和羽毛饰品加以点缀，让整体造型显得更加个性时尚。

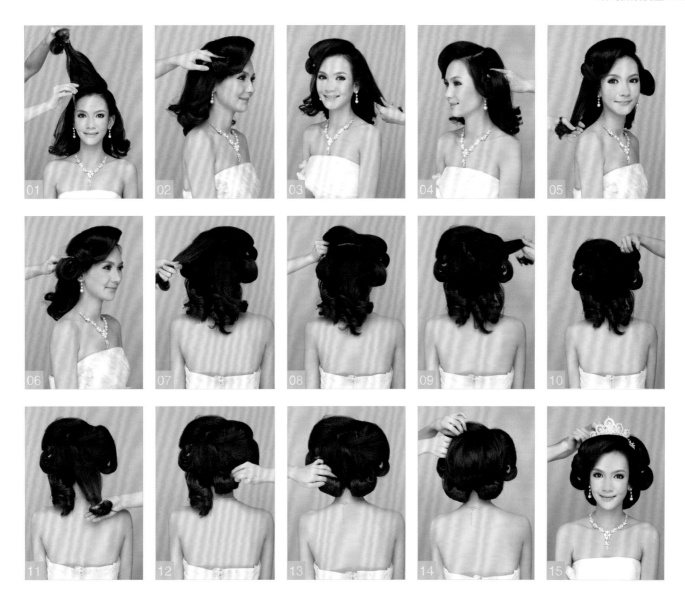

STEP 01　将刘海和顶发区头发分出并提起来打毛。

STEP 02　将表面梳顺，向右侧做出外翻层次卷造型。

STEP 03　取左侧发区一部分头发打毛并将表面梳顺。

STEP 04　将头发朝下，在表面喷上发胶并向上翻卷，下卡子固定。

STEP 05　取右侧发一部分头发打毛并将表面梳顺。

STEP 06　同样将头发向上翻卷并下卡子固定。

STEP 07　在头顶靠后的位置取一部分头发，打毛并将表面梳顺。

STEP 08　将头发向前翻卷，要注意发型轮廓的饱满度。

STEP 09　后脑勺再取一部分头发，打毛并将表面梳顺。

STEP 10　将头发向前方另一侧翻卷，要注意发型轮廓的饱满度。

STEP 11　剩余头发分成左右两份，取右侧头发打毛。

STEP 12　将头发表面梳顺，喷上发胶并向上翻卷，下卡子固定。

STEP 13　取左侧头发打毛，将表面梳顺并喷上发胶。将头发同样向上翻卷，下卡子固定。

STEP 14　将后脑勺空缺的部分用假发盖上。

STEP 15　将皇冠戴在头顶的位置。

造型提示

刘海运用上拱下卷的手法，
结合后发区两侧的层次上卷，
让造型层次更加分明，贵气
的皇冠则让整体造型更
加高贵华丽。

199

STEP 01　将刘海和顶发区的头发分出备用，取右侧发区头发。

STEP 02　以扭绳的手法将其向后固定在头顶中后部。

STEP 03　左侧发区的头发同样以扭绳的手法向后固定。

STEP 04　将刘海和顶发区的头发向上打毛。

STEP 05　将打毛的头发表面梳顺，向后扭绳固定。

STEP 06　将剩余头发分成三份，取左侧头发。

STEP 07　向上扭绳固定，露出发尾。

STEP 08　将发尾稍加整理，再取右侧头发。

STEP 09　向上扭绳固定，露出发尾。

STEP 10　同样将发尾稍加整理，再取最后一缕头发。

STEP 11　向上扭绳固定，露出发尾并加以整理。

STEP 12　在上翻刘海的一侧戴上白色网纱与羽毛饰品。

造型提示

简洁的上翻刘海是整体造型的重点，可以起到拉长脸型的作用，搭配稍显夸张的网纱与羽毛饰品，让整体造型更加协调。

STEP 01　先将刘海留出，剩余头发全部用皮筋在头顶扎一个马尾。

STEP 02　将马尾朝上全部垂直打毛。

STEP 03　打毛的头发由后向前把表面梳顺。

STEP 04　在表面喷上发胶，将头发由后往前包。

STEP 05　将发尾全部收到发包里，下卡子固定。

STEP 06　发包两侧也要下卡子，调整角度。

STEP 07　再次整理发包，使轮廓饱满圆润。

STEP 08　在发包前戴上略显夸张的皇冠。

造型提示

这是一款经典的赫本包发，加上华丽的皇冠，整个造型甜美又不失高贵。

STEP 01　将头顶靠后发区的头发做出一个发拱，并下卡子固定。

STEP 02　将刘海四六分，取右侧一部分头发向上推并用鱼嘴夹定型。

STEP 03　将剩余头发再做一个波纹弧度，同样用鱼嘴夹定型。

STEP 04　取左侧一部分头发，向前推出弧度，用鱼嘴夹定型。

STEP 05　将剩余头发向后推出波纹，并用鱼嘴夹定型。

STEP 06　待发型干后取下鱼嘴夹，并下暗卡固定。

STEP 07　取右侧一部分头发向下卷，要注意观察正面的效果。

STEP 08　再取发卷连接的一部分头发。

STEP 09　将头发向上翻卷，盖住发拱的卡子。

STEP 10　剩余头发全部向上包，并下卡子固定。

STEP 11　戴上复古的珍珠链子和白色饰品。

STEP 12　刘海波纹用珍珠卡子点缀。

造型提示

本款造型的重点在于S形的刘海，后发区上拱加侧单卷，使造型更加饱满，额头及头顶的珍珠让整体造型更加华丽。

STEP 01　将短发新娘的头发全部收起，将假刘海固定在前额位置。

STEP 02　将发排分出四分之一，戴在头顶与刘海衔接。

STEP 03　将发排剩余的头发分出一部分，拉向右侧。

STEP 04　向下卷并留出发尾，发卷与刘海相连接。

STEP 05　将留出的发尾向前卷，再分出一部分头发向下卷。

STEP 06　发卷与发卷相连接，再分出一部分头发。

STEP 07　从上向下卷，剩余发尾再往前卷。

STEP 08　取最后一部分头发向下卷，与发卷衔接。

STEP 09　将剩余发尾再做卷收起来。

STEP 10　用发排将短发的位置尽量包住，未包住的位置取假刘海盖住。

STEP 11　用假刘海盖住穿帮的位置，使发型完整，轮廓饱满。

STEP 12　在假刘海左侧戴上饰品装饰，同时能起到遮挡发际线的作用。

STEP 13　将头纱抓出层次后戴在头顶靠后的位置，用扣针固定。

STEP 14　发卷连接处用钻饰点缀。

造型提示

如果新娘本身是超短发，为了制造长发效果，我们可以运用发排，将其分成发片来打造多层次的复古包发，小钻饰的搭配让整体造型的层次感更强。

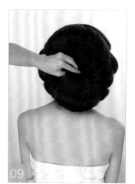

STEP 01 　将刘海三七分，右侧刘海摆出波纹并用鸭嘴夹定型。
STEP 02 　从左侧发区取一部分头发。
STEP 03 　将头发摆出波纹效果，并下卡子固定。
STEP 04 　从左侧发区再取剩余的一部分头发。
STEP 05 　同样将头发摆出波纹效果，与第一个波纹衔接。
STEP 06 　将头顶头发向后做拱，下卡子固定。
STEP 07 　从左侧垂下的头发中取一部分向上翻卷。
STEP 08 　从右侧垂下的头发中取一部分向上翻卷。
STEP 09 　将剩余头发全部向上包起，与两侧发卷形成一定弧度。
STEP 10 　刘海右侧波纹用发卡装饰。
STEP 11 　右侧波纹处同样用发卡点缀。
STEP 12 　头顶交界线处用珍珠链子装饰。
STEP 13 　后发区发包连接处用白色饰品装饰。

造型提示

前额两边采用手摆波纹，后发区造型采用上拱和U形包发，再加上珍珠饰品的点缀，让整体造型更富有古典气息。

STEP 01　刘海及顶发区分出一部分头发，打毛并将表面梳顺。

STEP 02　将头发从后向前在刘海处做一个大的发卷。

STEP 03　将后发区垂下的头发拿出一部分。

STEP 04　将发尾向内卷，下卡子固定。

STEP 05　取右侧垂下的头发。

STEP 06　将发尾同样向内卷，下卡子固定。

STEP 07　取左侧垂下的头发。

STEP 08　将发尾同样向内卷，下卡子固定。

STEP 09　拿一条网纱，从脖子处向上围。

STEP 10　在头顶靠左的位置打结，并抓出层次。

STEP 11　在层次网纱上再加上白色饰品，使造型更丰富。

造型提示

把造型分为三区做包发，强调复古效果，而网纱和羽毛饰品让造型在复古中更增添了时尚的感觉。

［中式新娘发型］

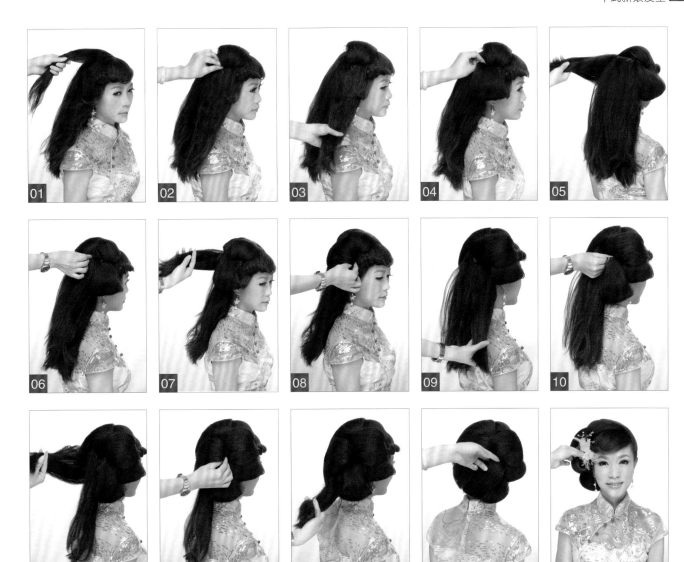

STEP 01   将刘海向上微微烫卷，取头顶一部分头发。

STEP 02   向下翻卷，与刘海相连接。

STEP 03   从右侧发区取一部分头发。

STEP 04   向上翻卷，与头顶发卷衔接。

STEP 05   从左侧发区取一部分头发。

STEP 06   由左向右翻卷，与做好的发卷衔接。

STEP 07   再从后面取一部分头发。

STEP 08   由后向前翻卷，叠加在做好的发卷上。

STEP 09   从右侧剩余头发中再取一部分。

STEP 10   由下向上翻卷，与做好的发卷衔接。

STEP 11   从左侧剩余头发中继续取一部分。

STEP 12   由左向右翻卷，与做好的发卷衔接。

STEP 13   取最后一部分头发。

STEP 14   由下向上翻卷，与做好的发卷衔接。

STEP 15   在刘海与发卷处戴上粉色饰品。

造型提示

复古的侧式包发干净、整洁，体现出了新娘婷婷玉立、小家碧玉的感觉。

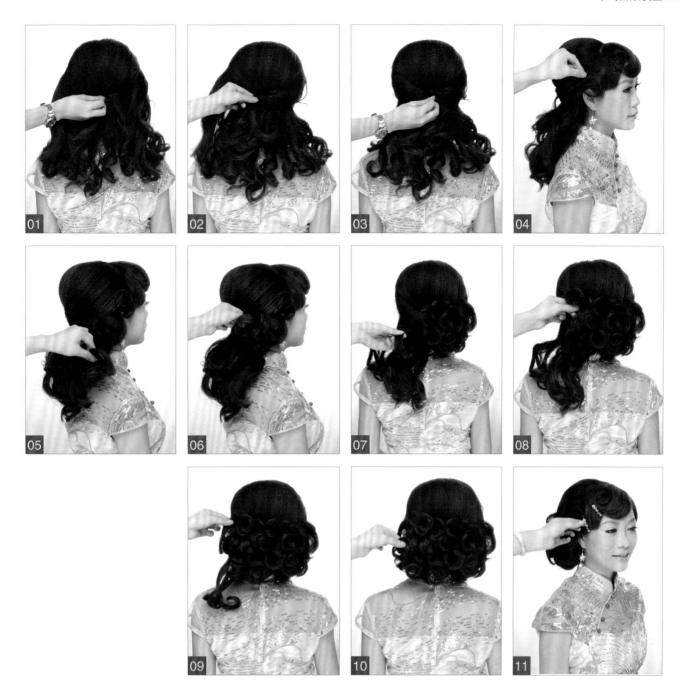

STEP 01　将顶发区与两侧头发打毛，梳顺表面，向后包并下卡子固定。

STEP 02　从左侧取一部分头发，向中间发卡处翻卷固定。

STEP 03　从右侧取一部分头发，向中间发卡处翻卷固定。

STEP 04　将刘海分出两部分，分别做卷并上下衔接。

STEP 05　将剩余的发尾烫卷，取右侧一部分，将发卷拆开整理。

STEP 06　将整理好的发尾向上固定在发包边缘处。

STEP 07　右侧继续取头发向上固定，并整理出层次。

STEP 08　再取烫卷的发尾向上固定并整理。

STEP 09　左侧继续取头发向上固定，并整理出层次。

STEP 10　剩余发尾全部向上固定，使轮廓完整。

STEP 11　刘海处用发卡点缀即可。

造型提示

复古的小卷、双层的刘海再配上简单的小饰品，很好地展现了女性优美如兰的气质。

STEP 01　刘海自然偏分，取右侧一部分头发。

STEP 02　向上翻卷，并下卡子固定。

STEP 03　从右侧再取一部分头发。

STEP 04　同样向上翻卷，位置比第一个发卷稍低。

STEP 05　从后发区继续取一部分头发。

STEP 06　向上翻卷，与前一个发卷衔接。

STEP 07　将剩余头发表面梳理干净。

STEP 08　将剩余头发全部向右侧翻卷固定。

STEP 09　在右侧刘海与发卷处戴上粉色饰品。

STEP 10　在后发区发卷固定处也戴上相应饰品。

造型提示

将后发区的卷发全部收到一侧，整理出层次，再用饰品将层次感突出，增添了新娘的温婉之美。

STEP 01　将刘海发尾及剩余头发的发中、发尾部分全部烫卷。

STEP 02　从头顶处向后包发并下卡子固定。

STEP 03　左侧头发根据烫卷的弧度向上翻卷。

STEP 04　右侧头发同样根据烫卷的弧度向上翻卷。

STEP 05　取右侧烫卷后的头发，用手抓住头发中部。

STEP 06　将头发往上提起，并固定在发包下卡子处。

STEP 07　再取中间烫卷后的头发，用手抓住头发中部。

STEP 08　将头发往上提起，并固定在发包下卡子处。

STEP 09　最后取左侧烫卷后的头发，用手抓住头发尾部。

STEP 10　将头发往上提起固定并加以整理，使发型轮廓饱满。

STEP 11　在造型左侧点缀黄色饰品。

造型提示

外翻大波纹刘海，可以对脸型不完美的女性进行一定的弥补。整齐的后侧位盘发，一定要将后面的头发梳得干净整洁，衬托出东方女性的端庄与典雅。

STEP 01   将头发以锯齿线四六分开，将右侧刘海做出波纹并用鸭嘴夹定型。

STEP 02   左侧刘海同样做出手推波纹，并用鸭嘴夹定型。

STEP 03   将剩余头发中部至尾部全部烫卷，用手拿住右侧卷发中部。

STEP 04   将烫卷的头发往上提，在与右侧刘海连接处下卡子固定。

STEP 05   再取后边中间的卷发，用手拿住卷发中部。

STEP 06   将烫卷的头发往上提，在头顶靠后的位置下卡子固定。

STEP 07   最后取左侧卷发，用手拿住卷发中部。

STEP 08   将烫卷的头发往上提，在与左侧刘海连接处下卡子固定。

STEP 09   待刘海处发胶干后，即可将鸭嘴夹取下。

造型提示

整洁的偏分波纹刘海，
再搭配温婉的小卷发，
浪漫中有柔媚，独具
名媛气质。

STEP 01　将头发以锯齿线四六分开，将右侧刘海做出波纹并用鸭嘴夹定型。

STEP 02　左侧刘海同样做出手推波纹，并用鸭嘴夹定型。

STEP 03　从左侧发尾再多取一部分头发，一起编成三股辫。

STEP 04　将辫子向上绕，下卡子固定。

STEP 05　从右侧发尾同样再多取一部分头发，一起编成三股辫。

STEP 06　将辫子向上绕，下卡子固定。

STEP 07　取头顶头发打毛，并将表面梳顺。

STEP 08　将发尾往里收，做成发拱并下卡子固定。

STEP 09　将剩余头发稍微打毛，并将表面梳理。

STEP 10　将头发全部向上包，并将发尾全部收进去。

STEP 11　在头顶辫子位置戴上条型饰品。

STEP 12　在左侧发包处戴上华丽的金色饰品。

造型提示

这是一款古典贵妇的发型，刘海卷曲，让新娘显得雍容华贵。高髻梳理得井井有条，流露出浓浓的性感女人味。

STEP 01 先将头顶靠后的头发打毛，梳顺表面，做出发拱并下卡子固定。

STEP 02 刘海的头发需有一定的长度，用电卷棒向下烫卷。

STEP 03 根据烫卷的弧度推出波纹刘海，并用鸭嘴夹定型。

STEP 04 待发胶干后取下鸭嘴夹，用下暗卡固定。

STEP 05 从右侧与刘海连接的位置取一部分头发。

STEP 06 向上翻卷，与右侧波纹刘海衔接。

STEP 07 从做好的发卷旁边再取一部分头发。

STEP 08 同样向上翻卷，与第一个发卷衔接。

STEP 09 从左侧发区取一部分头发向上翻卷，下卡子固定。

STEP 10 从靠左侧发卷处再取一部分头发，向上翻卷固定。

STEP 11 从剩余头发全部向上翻卷，与两侧发卷相连接。

STEP 12 在左侧头发较空的位置戴上红色饰品，发卷处点缀小发簪。

造型提示

复古的波纹刘海，后发区造型向上翻卷，与刘海相连接，额侧加一小缕单卷与刘海呼应，精美的红色饰品让造型更加细腻精致。

STEP 01　将后发区分为上下两部分，将下面头发收起。

STEP 02　将上面头发全部打毛，梳顺表面后扎成马尾。

STEP 03　将扎好的马尾向里收好，使后发区轮廓饱满。

STEP 04　刘海三七分开，取右侧一小部分头发，将发尾烫卷做发圈。

STEP 05　将刘海发尾全部烫卷，再取一小部分头发做第二个发圈。

STEP 06　取一部分烫卷的发尾，做第三个发圈，与第二个发圈连接。

STEP 07　头顶再取一部分发尾，在刘海与包发间做发圈。

STEP 08　再取一部分发尾，接着做发圈。

STEP 09　将剩余的头发全部做成发圈并连接固定。

STEP 10　左侧刘海同样将发尾烫卷，做第一个发圈。

STEP 11　取一小部分发尾，在刘海与包发间做第二个发圈。

STEP 12　继续取发尾做第三个发圈。

STEP 13　继续取发尾做第四个发圈。

STEP 14　将最后一条发尾做发圈并连接固定。

造型提示

后发区干净利落的包发，单看有点朴素，配上精巧、干净的小卷，刘海既显得干练，又充满女性的柔美气质。本款造型深受成熟女性的青睐。

STEP 01　分出刘海及顶发区的头发，从头顶向后包发并下卡子固定。

STEP 02　将左侧发区头发向中间卷并下卡子固定。

STEP 03　将左边再取一部分头发。

STEP 04　由左向右上方翻卷并下卡子固定。

STEP 05　将左侧刘海做出波纹并固定在发包上面。

STEP 06　右侧刘海较多，先将其做出第一个波纹。

STEP 07　再将剩余头发也做成连接的波纹效果。

STEP 08　从右侧耳朵上方取一部分头发。

STEP 09　将头发向下卷，留出发尾。

STEP 10　再取右侧一部分头发。

STEP 11　向上翻卷并下卡子固定。

STEP 12　继续从右侧取一部分头发。

STEP 13　向上翻卷，比上一个发卷位置稍低一点。

STEP 14　取最后一部分头发，由下向上包住露出卡子的位置。

STEP 15　在造型的一侧戴上红色头饰。

造型提示

典雅的侧卷刘海，发丝伴有卷曲，简单的发髻，整个造型清新流畅而不乏成熟妩媚，很好地诠释了"简单就是经典"的理念。

STEP 01   将刘海分出一小部分，做出第一个波纹。

STEP 02   再取一部分刘海，做出第二个波纹。

STEP 03   取侧发区一部分头发，做出第三个波纹。

STEP 04   将头顶头发向后做发包，并下卡子固定。

STEP 05   将左侧发区的头发向中间扭绳固定。

STEP 06   从右侧分出一部分头发，向上翻卷固定。

STEP 07   从左侧同样分出一部分头发。

STEP 08   向上翻卷并下卡子固定。

STEP 09   取中间一部分头发。

STEP 10   将头发向上翻卷，与两侧发卷衔接。

STEP 11   从右侧分出一部分头发，向上翻卷。

STEP 12   从左侧同样分出一部分头发，向上翻卷。

STEP 13   将中间剩余的头发全部向上翻卷，与两侧发卷衔接。

STEP 14   在造型左侧戴上红色花饰。

STEP 15   刘海发卷连接处用发卡点缀。

造型提示

偏分的刘海以小饰品点缀
层次效果，与对称的手卷完
美结合，整个造型成熟中
又不失俏皮的感觉。

STEP 01　从头顶分出一部分头发，打毛并将表面梳顺。

STEP 02　将表面梳顺的头发向下卷，做出发包效果。

STEP 03　从发包下分出一部分头发，同样打毛并将表面梳顺。

STEP 04　将头发整理成扁的发片，从下往上包，与上一个发包连接。

STEP 05　向下接着取一部分发片，打毛并将表面梳顺。

STEP 06　向上翻卷，与上一个发卷连接。

STEP 07　向下再取一部分发片，打毛并将表面梳顺。

STEP 08　向上翻卷，与上一个发卷连接。

STEP 09　向下取最后一部分发片，打毛并将表面梳顺。

STEP 10　向上翻卷，与上一个发卷连接。

STEP 11　将左侧剩余头发做出手推波纹，用鸭嘴夹定型。

STEP 12　将右侧剩余头发做出手推波纹，用鸭嘴夹定型。

STEP 13　待发胶干后取下鸭嘴夹，在后发区发卷连接处点缀饰品。

造型提示

此款造型的点睛之笔在于紧贴脸颊的中分波纹刘海，这是老上海的经典美人发型，将女性的灵韵展现得淋漓尽致。